COMMERCE DES CÉRÉALES :

TYPE-PARIS

POUR LES FARINES.

Étude extraite du journal L'ÉCHO AGRICOLE

PAR

A. TAILLEUR

« La loi de l'échange équitable veut que
« toute marchandise porte avec elle, comme
« les meilleures monnaies, son coin inal-
« térable. »

PARIS
GUILLAUMIN ET Cie, EDITEURS
RUE DE RICHELIEU, 14

1864

Paris. — Imp. Emile Voitelain et Ce, rue J.-J.-Rousseau, 15.

COMMERCE DES CÉRÉALES :

TYPE-PARIS

POUR LES FARINES.

Étude extraite du journal L'ÉCHO AGRICOLE

PAR

A. TAILLEUR

« La loi de l'échange équitable veut que
« toute marchandise porte avec elle, comme
« les meilleures monnaies, son coin inal-
« térable. »

PARIS
GUILLAUMIN ET Cie, ÉDITEURS
RUE DE RICHELIEU, 14

1864

PARIS — IMP. ÉMILE VOITELAIN ET Cᵉ, RUE J.-J. ROUSSEAU, 15

COMMERCE DES CÉRÉALES :

TYPE-PARIS

POUR LES FARINES.

I

Origine, But, Constitution et Procédés de la Commission des farines *Type-Paris*.

Une institution qui, sans aucune espèce de tutelle administrative, et sans autre direction que celle d'une association volontaire, fonctionne au gré de toute une industrie, est chose assez rare en France, pour mériter quelque attention. Cette attention, d'ailleurs, le sujet la réclame : car il s'agit ici, en même temps que d'un approvisionnement plus complet et plus régulier du marché aux farines de la Capitale, d'une mesure susceptible d'une application générale, et capable de faciliter les rapports des consommateurs et des producteurs et d'en assurer la loyauté.

La Commission des farines *Type-Paris* nous a paru réaliser ce bel et bon exemple d'initiative individuelle qui compte déjà, malgré sa récente apparition, quelques imitations en province et à l'étranger : donnant ainsi raison à ceux qui sont d'avis que toute ingérance du pouvoir dans les affaires de l'industrie est inutile, quand elle n'est pas nuisible, et qui croient *gouvernement* synonyme *d'empêchement*, en ce qui concerne le commerce et l'indépendance nécessaire à ceux dont le métier est de vendre, d'acheter, de spéculer, d'armer des vaisseaux.

A ce titre, il n'est pas sans intérêt d'appeler sur elle l'attention toute spéciale de nos chambres de commerce et de nos grands centres de population, en retraçant ici l'origine de l'institution, son but, sa constitution et ses procédés ou moyens d'action et d'exécution. Plus loin, et après quelques considérations sur la législation du commerce des céréales, nous examinerons la portée économique du *Type-Paris*.

1° *Origine de l'institution.*

A la Halle aux farines, aussi bien qu'à la Bourse, on opère à terme et à découvert. Partout aujourd'hui, on peut le dire, les marchés à livrer, sous quelque aspect qu'ils soient envisagés, sont devenus des habitudes invétérées. Qu'on les blâme, comme un dangereux appât offert aux intérêts matériels, ou qu'on les loue, parce qu'ils élargissent la sphère d'activité du commerce, peu importe, quant à présent. Nous constatons une situation. Rien de plus en ce moment.

Or, de même qu'à la Bourse, cette situation a fait sentir la nécessité d'un cours authentique des effets publics, de même à la Halle aux farines, un type défini est devenu nécessaire. Ce type, les farines de quatre gros meuniers de la place ont servi à le constituer jusqu'en ces dernières années. Si ces farines n'étaient pas effectivement de leur fabrication, au moins elles étaient présumées avoir été soumises à leur examen; et en tout cas, c'était sous leur garantie qu'elles s'offraient à la consommation. L'honorabilité des noms répondait de la supériorité des produits, ou, comme disent les marins, le pavillon couvrait la marchandise. De là, la faveur avec laquelle la Halle aux farines accueillait les *quatre-marques*.

Mais la spéculation, qui aime ses aises, ne pouvait rester longtemps limitée par la production nécessairement restreinte de quatre maisons de commerce, même fort importantes. Aussi, à la fin de l'année 1861, deux nouvelles maisons, dont les produits avaient attiré la juste attention du public, leur furent-elles adjointes. Dès lors, les affaires de farines se traitèrent en *six-marques*.

Deux maisons de plus n'étaient qu'un expédient dont l'impuissance ne tarda pas à se faire sentir. En effet, à la fin de janvier 1863, plusieurs livraisons de farines restèrent en souffrance; les règlements ne purent se faire, faute de farines du type convenu. Il en résulta une vive émotion parmi les meuniers et tous ceux qui ont affaire au commerce des farines sur la place de Paris. Une circulaire fut lancée dans le but, y est-il dit, *d'aviser*. Écrite sous l'impression de faits qui troublaient de nombreux intérêts privés, cette circulaire contient des révélations dont nous ne voulons pas exagérer l'importance, mais qui n'en sont pas moins fort instructives et bonnes à noter. Elle se termine ainsi :

« Il faut arriver à avoir des cours en rapport avec la situation générale et le prix réel de la marchandise.

« Le programme exposé à la réunion cherche à atteindre ce but.

« Il amène à contribuer à l'approvisionnement de Paris et de toutes les contrées ayant des besoins, l'universalité des producteurs qui se trouvaient jusqu'à ce jour exclus de toutes parts à cet approvisionnement.

« Il rend impossible toute action individuelle tendant à une hausse ou à une baisse factice.

« Il jette dans la circulation une masse de farines qui, par moments, restaient sans preneurs, à 5 et 6 francs au-dessous des *quatre* ou *six-marques*, tandis que ces dernières, sans autre cause qu'une situation forcée, montaient de 3 à 4 francs en deux jours, pour rebaisser de 5 francs, une fois la tourmente passée. »

C'est à la suite de la réunion qui eut lieu

dans ces circonstances que la Commission des farines se constitua définitivement, et que fut arrêtée la création du *Type-Paris*.

2° *But de l'institution.*

Le but que s'est proposé la Commission du *Type-Paris* est nettement indiqué dans l'article deuxième du règlement qu'elle a adopté et qui est ainsi conçu : « La Commission a formé un échantillon des farines *fleur-type-Paris*, déposé dans ses bureaux, tant pour les confrontations à faire, que pour être livré au commerce sur sa demande. »

Cet échantillon n'est autre chose qu'un *évaluateur* ou *étalon* de qualité, périodiquement renouvelable, qui doit servir de base aux transactions du commerce des farines. Il est formé des premières marques de Beauce et de Brie.

Appel est fait aux producteurs de tous les pays. Tous peuvent offrir leurs farines : tous y sont invités, et sont mus à le faire par l'attrait de leur intérêt qui est la meilleure de toutes les impulsions. Sous des conditions égales pour chacun, ces farines sont vues et examinées par des hommes spéciaux, — meuniers et boulangers, — dont l'impartialité ne peut être suspectée, parce qu'ils ignorent la provenance de la denrée sur laquelle ils opèrent. Après quoi, et si l'examen auquel elles ont été soumises leur est favorable, elles reçoivent, au moyen d'un plomb *ad hoc*, le certificat qui constate leur conformité avec le type admis par la Commission.

3° *Constitution.*

Cent-cinquante *adhérents-fondateurs* ont apporté leur concours à la création et à l'organisation du *Type-Paris*. Après s'être imposé une cotisation annuelle de 50 francs destinée à faire face aux frais de l'institution, ils ont nommé une Commission composée de douze membres et un président.

Ces faits s'accomplissaient au commencement de février 1863.

A son tour, la Commission, se mettant immédiatement à l'œuvre, a nommé pour directeur, M. Dreyfous, ancien facteur aux farines, dont l'honorabilité, les aptitudes et la discrétion, connues sur la place de Paris, étaient un gage de succès pour l'institution nouvelle.

C'est au directeur que le farinier qui veut faire *typer* ses produits doit déclarer son intention, en désignant leur quantité, leur marque et l'entrepôt où ils sont déposés. Aussitôt après la réception de cet avis, et moyennant le prix de dix ou quinze centimes par chaque sac de 100 kilogrammes, des échantillons sont pris sur différents sacs; un numéro d'ordre leur est donné, et ils sont sans retard livrés aux manipulations dont il nous reste à exposer le mécanisme.

4° *Procédés de la Commission.*

On sait que pour obtenir une panification satisfaisante, la bonne qualité du gluten est aussi importante que sa forte proportion. Aussi est-ce à la fois, d'après la richesse en gluten et d'après les propriétés de cette matière, que les boulangers habiles dans leur art font leurs achats de farines. Cette donnée fournie par l'expérience sert de base aux opérations de la Commission qui, pour arriver à son but, a recours à des instruments particuliers, notamment à l'aleuromètre de M. Boland, et procède de la manière suivante :

Sur chaque échantillon des farines à expertiser, on prend, par exemple, trente-trois grammes que l'on mélange avec dix-sept grammes d'eau. On forme un pâton que l'on soumet à un lavage au moyen d'un très-mince filet d'eau qui, tombant goutte à goutte, détache dans un récipient toute la partie d'amidon que contient ce pâton.

L'amidon étant écarté comme inutile à l'expérience, reste le gluten qui, étant la seule matière nutritive, appelle seul l'attention des experts. Il est mis dans une balance de précision qui permet de déterminer exactement la proportion pour laquelle il entre dans la composition de la farine. Tel est le point de départ de l'expérience.

Puis, de ce gluten, on prend sept grammes que l'on place dans l'aleuromètre, au fond du cylindre auquel s'adapte une tige graduée faisant office de piston. Ce petit appareil est porté, au moyen d'un bain d'huile, à la température voulue. Après dix minutes de cuisson au feu d'alcool et dix autres minutes pendant lesquelles la cuisson s'achève hors du feu, on prend note des résultats de l'expérience.

Le gluten, en vertu de son expansibilité sous l'action de la chaleur, s'est élevé et a repoussé au dehors la tige graduée indicatrice de son développement. On note le degré. De plus, en sortant le pâton de la cuvette, on observe sa forme et sa couleur. A ces éléments d'appréciation on ajoute la comparaison d'un pâton pareil fait dans des proportions identiques avec la farine du *Type-Paris*. Dès lors on peut se rendre compte des propriétés panifiables des farines et de la qualité des blés qui ont dû servir à la fabrication.

Ces différentes manipulations accomplies, les experts examinent chaque échantillon de farines avec des loupes spéciales, et c'est après avoir palpé, flairé, goûté et comparé chaque farine avec les produits du *Type-Paris*, qu'ils prononcent, par scrutin secret, l'admission ou le rejet de chaque lot, comme conforme, ou non conforme, à l'échantillon de la Commission. Leur décision est immédiatement consignée au procès-verbal qui est signé par eux et par le directeur.

Ici, se termine la mission des experts

auxquels est remis un jeton de présence en argent. Quant au directeur, il avise chaque intéressé du résultat de l'opération; et en même temps, si ce résultat est favorable, il fait presser chaque sac reçu avec un plomb qui porte la marque de la Commission. Tout ce travail dure au plus deux jours.

Telle est l'institution du *Type-Paris* pour les farines. On nous pardonnera les détails dans lesquels nous venons d'entrer à son propos, eu égard à l'importance capitale du commerce auquel elle s'applique.

II

Considérations sur le commerce des céréales. — Critique de la législation et principes qui doivent régir la matière. — Le *Type-Paris* d'accord avec les idées modernes. — Confusion des mesures de capacité : système légal décimal employé par la Commission des farines.

Quittons le domaine des faits et de l'exposé technique des opérations, pour entrer dans celui des appréciations économiques, à l'endroit du commerce des céréales, et plus spécialement de l'institution du *Type-Paris* pour les farines.

L'industrie et les affaires ont pris, de notre temps, un développement tellement prodigieux, qu'il devient de plus en plus nécessaire que l'opinion publique, toujours prête à s'armer en guerre sur tout ce qui touche à l'alimentation du peuple, soit éclairée sur le vrai rôle social du travail et de la production. Toute étude qui tend à ce but, même sans l'atteindre, est un moindre mal que l'apathie et l'indifférence. Trop délaissées par la politique ou trop incomplétement résolues par elle, les questions de l'ordre industriel méritent, sans conteste, une large place dans nos préoccupations. C'est cette place que, nonobstant notre peu d'autorité, nous venons revendiquer ici, en leur faveur, à propos de l'innovation dont la Halle aux farines, à Paris, a été le théâtre par la création du *Type-Paris*.

Les institutions qui, jadis, régissaient l'industrie, ont disparu. Turgot, le grand ministre cher à la France commerciale et industrielle, avait essayé de les transformer pacifiquement, mais sans réussir. Nos pères de la Révolution en on fait table rase en une belle nuit d'août, nous léguant le soin d'en former de nouvelles plus conformes à leur sublime devise et plus dignes de nous-mêmes. Il ne peut plus être question aujourd'hui de maîtrises et de jurandes. Si de trop nombreux monopoles existent encore dans notre monde industriel, ils n'y vivent que sous l'abri d'une tolérance qui tend tous les jours à s'effacer, en même temps que sont détruits les obstacles artificiels qui nuisent encore au complet essor des libertés individuelles.

Est-ce la restauration de quelque privilége

du vieux temps que la Commission des farines a tentée, en organisant le *Type-Paris?* Elle se serait trompée d'époque.

Évidemment, le droit industriel est destiné à la liberté, s'il faut en croire et nos déclarations législatives les plus formelles, et les aspirations non équivoques qui se manifestent de toutes parts. Le plus tôt qu'il sera affranchi des tutelles et priviléges qui le déparent encore, sera le mieux. Quand donc lui érigerons-nous son Code : monument qui rapporterait à son architecte plus de gloire véritable, et à tout le monde plus d'utilité réelle, que la construction de certains palais?

En ce qui touche les céréales, depuis le jour où le cultivateur confie à la terre un grain de blé, jusqu'au jour où les multiples de ce grain passent entre les mains des consommateurs sous forme de pain, nous nous trouvons en face de dispositions légales éparses sans ordre au milieu d'une multitude innombrable de lois, de décrets ou ordonnances, d'arrêtés ministériels ou de police, de décisions d'administration centrale et locale, de circulaires du Directeur général des douanes; le tout sans foi dans un système, sans lien, sans unité. Là où devrait se montrer une législation assise sur une base fixe, sur des principes bien arrêtés, nous ne rencontrons qu'incertitude et défiance se traduisant par des mesures de circonstance qui sont fatales au commerce dont elles empêchent les calculs, défient les combinaisons, et entravent les spéculations les plus honnêtes et les plus loyales.

Activer la production, en donnant cohésion et autorité à toutes les forces collectives qui concourent au bien-être général, telles ont été les visées de la Commission des farines; et tel est, en effet, le but à poursuivre, et qu'on ne saurait atteindre que par la liberté.

Liberté dans la production! Si le cultivateur est libre maintenant de cultiver son champ comme il l'entend, pourquoi n'en est-il pas de même lorsqu'il s'agit de vendre les blés encore en vert? Au nom de je ne sais quel principe d'intérêt public, on lui conteste le droit de vendre avant la coupe et la maturité, de même qu'on défend au créancier de saisir avant les six semaines qui précèdent cette même époque.

Liberté dans la mouture! Grâce à Dieu, ici

nous sommes plus heureux. Le taux de blutage est tombé en désuétude, et, sauf le cas de réexportation après mouture des céréales étrangères, la meunerie ne subit aucune mesure restrictive.

Liberté dans le commerce! Le cultivateur et le meunier ne sont pas légalement considérés comme commerçants par le fait de leur profession. Qu'ils bénissent le Code, qui leur a refusé cette dangereuse qualité; car, dès l'instant où des grains sont achetés pour être vendus, soit avant, soit après avoir été transformés en farines ou convertis en pains, aussitôt apparaissent les dispositions réglementaires, restrictives, prohibitives, coercitives, qui, causes ou conséquences des préjugés populaires, oppriment le commerce et favorisent le monopole, en diminuant la concurrence. Ce serait un tableau curieux, s'il n'était affligeant, que celui des anciennes lois qui, en France comme dans presque toute la vieille législation européenne, tendaient à déconsidérer le commerce des grains, à le décourager, à l'anéantir. L'empreinte laissée par ces fausses idées n'est point effacée, et aujourd'hui encore il semble que le Législateur et le Juge ne voient dans les marchands de grains que des intermédiaires inutiles, souvent nuisibles et dangereux, comme s'il n'était pas acquis, de donnée certaine, que c'est par l'action du commerce, — et du commerce libre, — que l'on peut pourvoir d'une manière prompte, sûre et économique aux besoins d'une nation.

Nous avons parlé de la défense de vendre les blés en vert et de les saisir six semaines avant leur maturité. Nous voyons aussi le commerce des grains interdit aux commandants de divisions militaires, aux préfets et aux sous-préfets, aux courtiers de commerce, et, à Paris, plus spécialement, aux facteurs de la Halle aux farines, ainsi qu'au directeur, caissier et autres employés de la Caisse de la boulangerie.

Ainsi encore la jurisprudence reconnait aux maires la faculté dont ils usent largement de défendre la vente hors des marchés.

Et que dire de la boulangerie, cette maîtresse-industrie, qui n'est pas encore complétement débarrassée des lisières de l'administration, et sur laquelle on expérimente encore à la façon du médecin de Molière, *sicut in animâ vili?*

Quand donc saurons-nous nous défaire, sans réticence, et en gens résolus, des règlements surannés qui sont en opposition flagrante avec le droit moderne? Serait-il donc plus difficile : ou d'abroger celles de nos lois qui n'ont plus de raison d'être maintenant, que d'en créer de nouvelles plus conformes à notre état de choses actuel, — ou seulement de veiller à l'exécution de celles qui sont l'expression véritable des besoins sociaux?

Est-ce dans ce courant d'idées que la Commission des farines a été puiser les inspirations qui lui ont fait imaginer la création du *Type-Paris?* Nous n'hésitons point à nous prononcer pour l'affirmative, et nous allons bientôt en fournir la preuve.

Par exemple, l'une des mesures les plus favorables au commerce et à l'industrie, adoptée par le législateur moderne, fut assurément l'unité des poids et mesures; elle rend à la fois plus faciles et plus sincères les rapports des producteurs et des consommateurs, des vendeurs et des acheteurs, ferme la porte à toutes les fraudes que favorisait l'infinie variété des poids et mesures employés autrefois dans nos diverses provinces, et facilite la surveillance de l'autorité sur la loyale exécution des conventions. Eh bien! contrairement aux prescriptions formelles de la loi de 1837 sur le système métrique, le blé se vend encore au setier, ou un hectolitre et demi, dont le poids varie de 112 à 120 kilogrammes, suivant la provenance; et la farine se vend au sac, unité du poids de 157 kilogrammes, net. La résistance apportée jusqu'ici par la meunerie qui approvisionne Paris à la transformation de ce singulier sac de 157 kilogrammes peut-elle se justifier? Assurément, on ne saurait arguer ici de restriction à la liberté des conventions; car de même que nous ne sommes pas moins libres parce que les actes de notre état civil sont écrits en français, au lieu d'être libellés en un patois quelconque, de même nous ne souffrons aucunement de ce que le mètre et le centimètre sont substitués à l'aune et au pouce, le kilogramme et l'hectogramme à la livre et à l'once. Loin de là, l'usage des nouvelles mesures se plie merveilleusement à tous les besoins, et, en conséquence, devrait satisfaire toutes les exigences.

De toutes parts, les doléances abondent, —

et le Sénat lui-même en a retenti, — sur la confusion qui règne dans les mesures de capacité s'appliquant à nos principales denrées de consommation. Si l'on passe en revue les mercuriales des marchés au blé, on voit que l'unité de mesures adoptée pour énoncer le prix du blé est à Amiens de 200 litres, à Provins de 160, à Clermont-Ferrand de 130; à Rennes on compte par 165 kilogrammes, à Paris par 120, à Senlis par 118, à Angoulême par 80.

Pour les farines, on remarque, à Rouen, comme à Paris, le sac de 157 kilogrammes, à Clermont-Ferrand celui de 126, à Haguenau celui de 75, à Bordeaux celui de 50.

On pourrait sans peine multiplier les faits établissant la diversité des bases d'évaluation qui sont restées en usage dans nos diverses places de commerce.

A cet égard, la Commission du *Type-Paris* a pris une résolution qui nous paraît destinée à faire rentrer le commerce des farines dans le système légal décimal. En effet, l'article quatrième de son règlement est ainsi conçu : « Pour faciliter les transactions avec toutes les places de la France et de l'étranger, les farines *fleur-type-Paris* ne seront agréées par la Commission qu'en sacs de 101 kil., brut, pour 100 kil., net. »

N'avoir pas recours aux Juges de la répression pour déraciner des habitudes préjudiciables à tous, est, certes, un résultat digne des plus grands encouragements. N'obtint-elle que celui-là, la Commission du *Type-Paris* aurait déjà bien mérité du commerce. Mais nous allons voir que ce n'est pas là le seul avantage qu'il est appelé à recueillir de sa bienfaisante initiative.

III

Le *Type-Paris* une *institution*. — Agissements du commerce des farines : — *Marques ;* — *Filière* et Marchés à terme. — Insuffisance des *Marques*. — Nécessité des Marchés à terme. — *Type-Paris* : ses avantages, sa ressemblance avec le Conditionnement des soies et des laines. — Résumé.

Fondée sur le principe de l'association volontaire, et en dehors de toute préoccupation d'intérêts personnels, la Commission des farines *Type-Paris* n'a pas tardé à devenir une *institution*, parce qu'elle était une *nécessité*.

Cette nécessité provient d'un état de choses que, dans un rapport adressé en 1861 à M. le ministre de l'agriculture et du commerce, M. Robert de Massy signalait dans les termes suivants : « La marchandise (servant à la spéculation) dont le dépôt dans un magasin a été constaté, donne lieu à la délivrance d'un bulletin spécial désigné vulgairement sous le nom de *filière*. Ce bulletin, transmis par voie d'endossement, fait passer la marchandise dans une foule de mains, et tous les vendeurs ou acheteurs successifs ne soldent que les différences entre les prix stipulés par eux pour l'achat et la vente ; le dernier porteur de la filière est le seul qui prenne livraison de la denrée, et en paie le prix intégral au propriétaire primitif. Il n'est pas rare de voir une filière couverte de plusieurs centaines de noms. Cette combinaison explique comment les farines *quatre-marques*, dont la production annuelle est assez limitée, donne lieu à des transactions dont le chiffre total est presque décuple de la quantité réellement fabriquée. »

Ce rapport constate parfaitement, — à quoi bon le dissimuler ? — la manière de faire du commerce des farines. Il en résulte que la grande importance des marchés à livrer, en faisant de la Halle aux farines une véritable succursale de la Bourse, a rendu les *Marques* insuffisantes.

Faut-il se réjouir, ou faut-il s'affliger d'un tel état de choses ? C'est ce que nous allons tâcher d'examiner avec calme et sans réticence, comme aussi sans avoir peur de donner une prime à la mauvaise foi, et sans craindre de fourbir une arme pour le ministère public.

Et d'abord, il n'entre pas dans notre plan de médire de la marque de fabrique, en tant qu'elle reste facultative, et qu'elle ne devient pas un monopole. Loin de là ; à nos yeux, une bonne marque, c'est seulement le crédit et la fortune pour son heureux possesseur, mais encore un blason qui en vaut bien un autre. On s'appelle sans façon Morel ou Darblay, Moët ou veuve Cliquot, comme d'autres s'appelaient Médicis. De tels noms n'ont pas besoin de l'ornement gothique d'une particule pour attirer la confiance du consommateur sur les produits dont ils garantissent la qualité loyale et marchande. Mais aussi, il est impossible de méconnaître que la marque, — ses plus ardents défenseurs eux-mêmes en passent l'aveu, — est trop souvent un moyen commode d'écraser ses concurrents sans se donner les embarras de la lutte, et une arme redoutable aux mains de ceux qui savent manier les trompettes payées de la renommée. A la Halle aux farines notamment, elle était parvenue à constituer un monopole de fait aussi tyrannique que les monopoles légaux qui restreignent encore un trop grand nombre de nos industries.

Médirons-nous davantage de la *filière?* Est-ce là quelque machine infernale inventée pour la ruine des familles et la destruction de l'État! Non! mais une machine toute simple servant d'instrument de constatation pour les marchés successifs dont une farine peut être l'objet.

Il s'y agit, il est vrai, de marchés à livrer que des moralistes à outrance essaient encore de condamner et de flétrir, malgré la pratique universelle du commerce, en leur donnant les noms les plus sinistres, et en mettant sur leur compte les terribles mesures de salut public qui, sous l'impulsion de la famine, firent décréter à la Convention le Maximum, les réquisitions publiques et la peine de mort contre les exportateurs. Mais que prouvent et que peuvent les déclamations stéréotypées contre la nature des choses, et les incompressibles évolutions de l'industrie? Le commerce oublierait sa mythologie, s'il allait demander à Marcus Porcius Caton de lui donner des institutions. Il vit, il doit vivre de différences, — différences entre le prix d'achat et le prix de revient; — c'est là sa raison d'être, et il disparaîtrait le jour où il ne lui serait plus permis de spéculer sur ses approvisionnements.

Nécessaires dans tout commerce, les marchés à livrer le sont plus peut-être encore dans celui des céréales que dans tout autre. La fluctuation incessante et considérable du prix des blés doit faire désirer à l'acheteur de s'assurer, dans les temps de baisse, d'un approvisionnement suffisant pour ne pas acheter pendant la hausse. Elle doit de même faire désirer au vendeur d'assurer le placement de sa marchandise, tant que durent les hauts prix. C'est ainsi qu'un boulanger qui craint de voir hausser les blés achète des farines livrables à des époques déterminées, par exemple de quinzaine en quinzaine. En opérant ainsi, il garantit son approvisionnement, sans être obligé d'acheter en temps de hausse.

Qu'après cela, l'on prétende que les marchés à terme sont une source d'abus ; qu'ils engendrent des hausses ou des baisses factices ; qu'ils encouragent les spéculations qui n'ayant d'autre mobile que le jeu, ne sont nullement profitables aux intérêts de la consommation ; sans doute ces imputations ne sont pas tout à fait sans fondement. Mais que prouvent-elles, et qu'en inférer ?

Des abus ! — Il y en a partout : dans les

marchés à terme, comme dans les marchés au comptant, et comme ailleurs; et il y en aura toujours. C'est une maladie dont nulle de nos institutions n'est exempte, et dont le spécifique est, non dans une fontaine de Jouvence quelconque, mais peut-être dans le Code pénal. Aussi, loin de demander grâce pour eux, c'est contre eux, au contraire, que nous entendons que l'on prenne les précautions les plus sévères, sous la réserve toutefois que l'on se rapprochera des conditions d'existence indiquées par la nature des choses, par l'expérience et la pratique des affaires, en suivant le commerce et l'industrie dans les voies nouvelles où le sentiment du progrès les engage et les attire.

Nous laisserons-nous davantage effrayer par les hausses ou les baisses dont la Halle aux farines est le théâtre? Non, vraiment : car, d'une part, les efforts en sens contraire des spéculateurs amènent des fluctuations trop faibles pour détruire la marche générale du cours et altérer profondément la valeur de la marchandise; et, d'autre part, la spéculation sert d'appât aux producteurs et les excite à multiplier leurs dépôts.

Mais le jeu! Horreur! Et d'abord, il y a-t-il

jeu quand dans tous les cas, comme ici, il y a toujours, d'un côté, l'achat d'une denrée qui doit être payée, et, de l'autre, la vente d'une chose qui doit être livrée? Que quelques juristes attardés fassent encore des distinctions et argumentations sur ce thème : à leur aise! Mais qu'ils nous permettent de croire que la coutume est plus sage, plus logique et plus puissante que toutes leurs arguties. C'est la coutume qui a posé et développé les règles sur les sociétés, sur les contrats de change, de prêt à la grosse, d'assurance; elle achève en ce moment le taux légal de l'intérêt; elle finira bien par avoir raison dans les opérations à terme. Après tout, la coutume, elle, ne nie point le libre arbitre et la responsabilité des actes d'un majeur! C'est pourquoi disons au joueur, — si joueur il y a, — disons-lui, sans molle indulgence pour son improbité : VOUS AVEZ PROMIS, VOUS DEVEZ VOUS EXÉCUTER! De la sorte, nous consacrerons et concilierons tout à la fois et la liberté des transactions et le respect et l'inviolabilité des engagements.

Nous ne pouvons pas, et nous ne voudrions pas, quand même nous le pourrions, revenir au troc primitif. Les marchés à livrer étant devenus une des nécessités du commerce, non-seulement il faut les respecter, tout en essayant de les moraliser, s'ils en ont besoin, mais encore en faciliter la conclusion.

Or, qu'arrivait-il sous le régime des *quatre* ou *six-marques?* Ce qui arriverait infailliblement à la Bourse, si les valeurs qui y sont cotées étaient entre les mains de quatre ou six détenteurs seulement. Adieu alors aux cours en rapport avec la situation générale. Maîtres du marché des effets publics, ces quatre ou six détenteurs y imposeraient leur loi et y rendraient toute transaction impossible. Ce phénomène s'est produit plus d'une fois à la Halle aux farines, où la spéculation s'est vue aux prises avec un seul détenteur des farines du type convenu. De telle sorte que les vendeurs se trouvaient alors dans l'impossibilité matérielle d'exécuter leurs engagements.

Ce sont les crises et la perturbation que la place ressentait d'un tel état de choses qui ont fait imaginer le *Type-Paris*.

Ce type est-il propre à favoriser les bons fabricants? Les procédés et les moyens d'action de la Commission des farines offrent-ils toutes les garanties désirables de vérité? Les résultats acquis jusqu'à ce jour ne peuvent laisser place au moindre doute à ce sujet. D'ailleurs, il appartiendrait à la science d'améliorer et de perfectionner, s'il se peut, les appareils dont on se sert.

En tout cas, et dès à présent, l'approvisionnement de Paris ne se trouve plus à la merci de quatre ou six maisons de commerce, très-honorables sans doute, mais d'une production évidemment trop restreinte pour un aussi vaste marché. De plus, l'universalité des producteurs se trouvant conviée à cet approvisionnement dont jusqu'alors ils se trouvaient exclus sans autre motif que celui des renommées acquises et des situations toutes faites, la circulation en recevra une masse de farines qui restaient sans preneurs, même à des prix inférieurs, par suite du monopole de fait exercé par les *quatre* ou *six marques*, et rendra ainsi impossible, ou du moins très-difficile, toute action individuelle tendant à une hausse ou à une baisse factice.

Pour achever de préciser, tel du moins que je le comprends, l'office qu'il convient d'assigner au *Type-Paris*, je crois pouvoir le comparer au *Conditionnement des soies*. On sait que cette opération a pour objet de ramener les soies à un degré fixe et commun de siccité au moyen d'un procédé qui consiste à déterminer le poids de la soie amenée à un état de siccité absolue, et à augmenter ce poids d'une quantité numérique égale à la quantité d'humidité que peut renfermer habituellement la soie, afin d'établir la qualité marchande. Comme par le passé, les négociants en soie peuvent acheter et vendre *sans condition*, le conditionnement n'étant nullement obligatoire et chacun étant libre d'y recourir ou de s'en passer. Mais l'utilité de cette opération l'a rendue générale. Si bien qu'on l'a appliquée, et qu'on la pratique avec succès sur les laines, dont les propriétés hygrométriques sont plus grandes encore que celles de la soie. Des bureaux, soit publics, soit privés, sont institués pour le conditionnement, et partout où ils fonctionnent ils ont donné les résultats les plus satisfaisants. Ainsi en doit-il être du *Type-Paris*, qui réalise pour les farines ce que le *Conditionnement* a fait pour les soies et les laines; et ce résultat mérite d'autant mieux d'être apprécié, qu'il est destiné à établir la qualité marchande, le *critérium* de valeur, de la denrée qui sert de base à l'alimentation publique.

Les chambres de commerce, dans les villes où ne se rencontre pas l'initiative qui a été prise à Paris, ne sauraient-elles proposer rien de pareil pour le commerce des farines, l'un des plus importants assurément à tous les points de vue?

Résumons-nous : utile aux producteurs quels qu'ils soient et d'où qu'ils viennent, parce qu'elle leur promet de tirer de la bonne qualité de leur marchandise tout le profit légitime auquel ils peuvent prétendre à l'égal de quelques marques heureusement et honorablement connues ; — utile aux marchands qu'elle dirige dans leurs achats, en leur offrant non des semblants de garantie, mais un *évaluateur* sérieux ; — utile au public qui, en dernière analyse, paie les réputations de réclame, — la Commission des farines *Type-Paris*, — œuvre due à l'initiative individuelle, et désintéressée de toute pensée de lucre, — offre tous les caractères d'un service public, et mérite l'entière approbation de ceux qui surveillent la marche des affaires et les progrès de l'industrie.

Les services qu'elle rend aux producteurs

et à tous ceux qui ont affaire au commerce des farines, sont constatés par le chiffre toujours croissant de ses opérations et par les nombreuses adhésions qui lui sont venues du dehors; les avantages que le public consommateur en a recueillis, plus difficiles à préciser peut-être, ne sont pas niables non plus pour tout observateur attentif et impartial. A tous ces titres, elle avait des droits incontestables à notre observation la plus exacte.

Que le commerce, confiant dans ses propres forces et dans la fécondité de son initiative, s'inspire pourtant de l'exemple que lui donne la Commission du *Type-Paris*, et, nous en sommes convaincu, il s'en trouvera bien. Le public, appréciant l'utilité de ses services, ne sera plus tenté de lui contester la nécessité et l'efficacité de son rôle dans les rouages sociaux; et bientôt une législation, moins défiante vis-à-vis de lui et plus en harmonie avec notre temps et nos progrès, effacera la dernière trace des préjugés hostiles et des mesures vexatoires dont il peut se plaindre encore.

www.ingramcontent.com/pod-product-compliance
Ingram Content Group UK Ltd.
Pitfield, Milton Keynes, MK11 3LW, UK
UKHW021532260726
13993UKWH00004B/1950